"小小极客"系列

眼见真的为实吗？

◇ 李蕾 编著

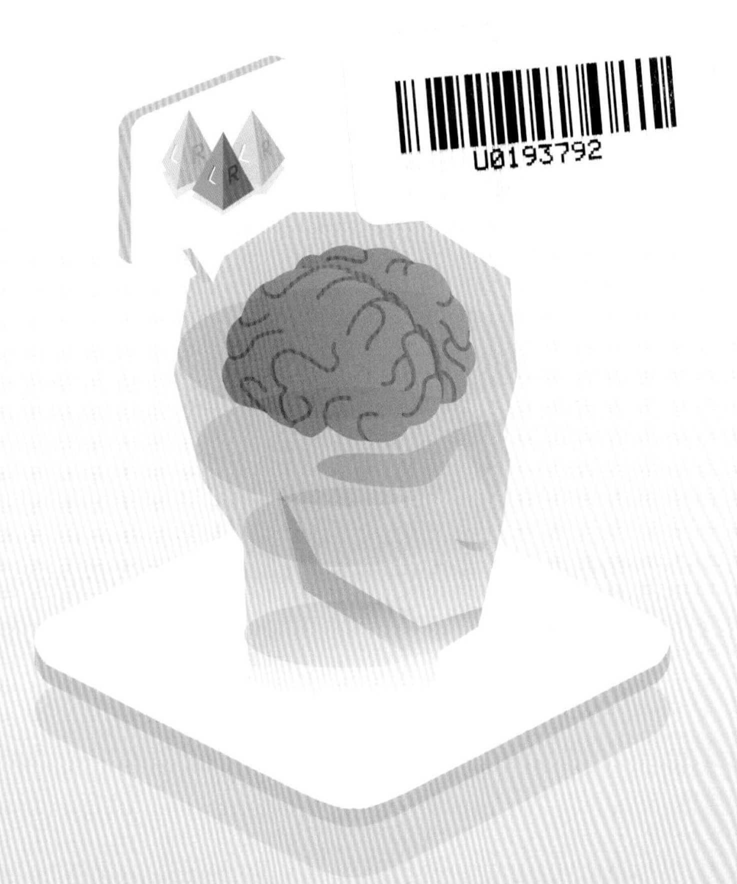

海豚出版社
DOLPHIN BOOKS
中国国际出版集团

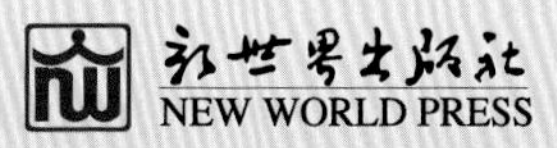

新世界出版社
NEW WORLD PRESS

编者的话

在这个无处不科技的时代，越早让孩子感受科技的力量，越早能够打开他们的智慧之门。

身处这个时代、站在这个星球上，电脑科技的历史有多长？人类和电脑究竟谁更聪明？人类探索宇宙的步伐走到了哪里？“小小极客”系列通过鲜活的生活实例、深入浅出的讲述，让孩子通过阅读内容、参与互动游戏，了解机器人、计算机编程、

虚拟现实、人工智能、人造卫星和太空探索等最具启发性和科技感的主题，从小培养科技思维，锻炼动手能力和实操能力，切实点燃求知之火、种下智慧之苗。

“小小极客”系列是一艘小船，相信它能载着充满好奇、热爱科技的孩子畅游知识之海，到达未来科技的彼岸。

作者介绍

李蕾，文学博士，期刊编辑。李蕾有个每天“为什么”不离口的八岁女儿，她喜欢和孩子一起打卡各地博物馆，探索各种宇宙和科学的神秘问题。

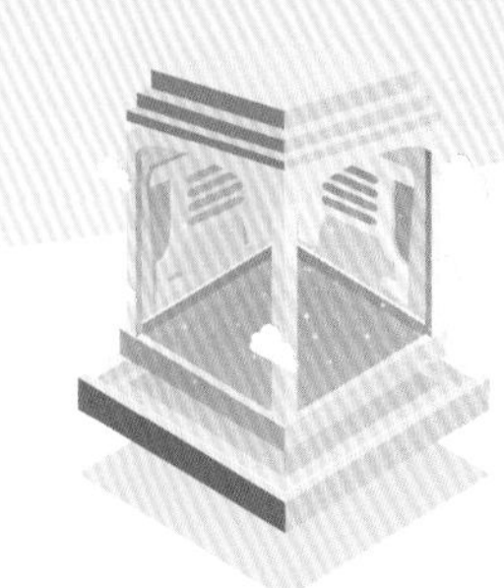

小小极客探索之旅

阅读不只是读书上的文字和图画，阅读可以是多维的、立体的、多感官联动的。这套“小小极客”系列绘本不只是一套书，它还提供了涉及视觉、听觉多感官的丰富材料，带领孩子尽情遨游科学的世界；它提供了知识、游戏、测试，让孩子切实掌握科学知识；它能够激发孩子对世界的好奇心和求知欲，让亲子阅读的过程更加丰富而有趣。

一套书可以变成一个博物馆、一个游学营，快陪伴孩子开启一场充满乐趣和挑战的小小极客探索之旅吧！

极客小百科

关于书中提到的一些科学名词，这里有既通俗易懂又不失科学性的解释；关于书中介绍的科学事件，这里有更多有趣的故事，能启发孩子思考。

这就是探索科学奥秘的钥匙，请用手机扫一扫，立刻就能获得——

极客相册

书中讲了这么多孩子没见过的科学发明，想看看它们真实的样子吗？想听听它们发出的声音吗？来这里吧！

极客游戏

读完本书，还可以陪孩子一起玩 AI 互动小游戏，让孩子轻松掌握科学原理，培养科学思维！

极客画廊

认识了这么多新的科学发明，孩子可以用自己的小手把它们画出来，尽情发挥自己的想象力吧！

极客小测试

读完本书，孩子成为小小极客了吗？来挑战看看吧！

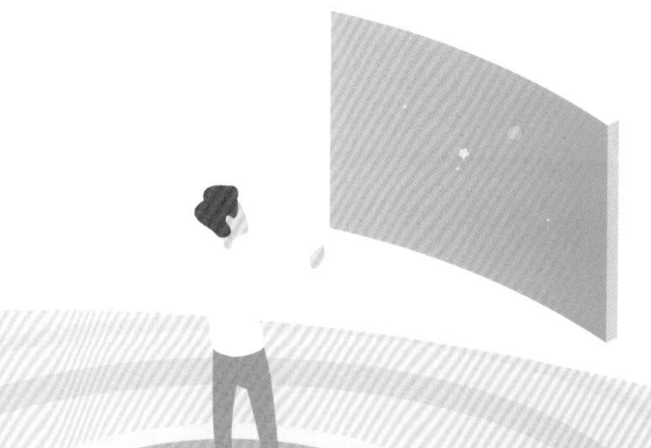

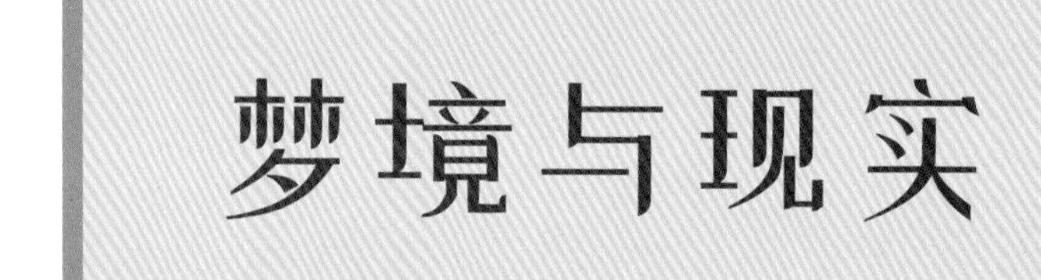

梦境与现实

小朋友，你听过“庄周梦蝶”的故事吗？在中国的战国时期，有个叫庄周（人们尊称他为庄子）的大思想家，一天他梦见自己变成了一只蝴蝶，在花丛中飞舞，自由自在。

突然间梦醒了，庄周发觉自己躺在床上，恍惚间，他分不清究竟是自己在梦中变为了蝴蝶，还是在蝴蝶的梦中变为了人。

小朋友也会做梦。梦里，我们能看、能听，还能做事情。有时如果做了愉快的梦，我们会咯咯地笑，如果做了噩梦，我们甚至会大喊着惊醒……所以，梦境有时候很真实。

有一次，我梦见了一头大象，长长的鼻子甩呀甩的，我都能感觉到它呼出的热气……

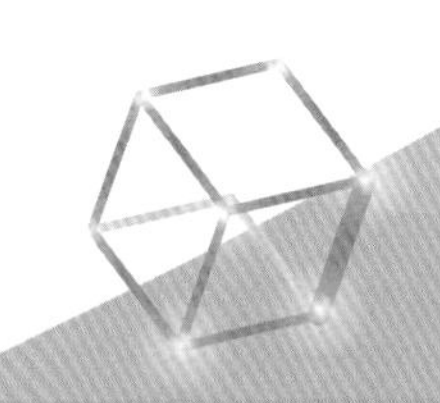

那么，梦境和现实生活，哪个更真实呢？

什么是真实，什么又是虚拟呢？

小朋友，当你在游乐场、科技体验馆里戴上 VR（virtual reality，虚拟现实）头盔时，眼前的画面让你心跳加速，甚至尖叫，那种感觉很真实。但是，你看到的那些景象是真实存在的吗？

中国有句古话，叫“眼见为实”，但我们眼睛看到的就是真实的吗？

哇，这么漂亮的蝴蝶，它要飞走了！

现在，我们来看看虚拟现实的发展史吧！

虚拟现实的出现

在古希腊时期，著名的大数学家欧几里德就发现，人类能看到立体的空间，就是因为左眼、右眼看到的图像是不同的，这使得人们能够感知立体空间。

1838 年，一个叫查理斯·惠斯通的人觉得双眼视差这个发现很酷，于是发明了一种可以看到立体画面的“立体镜”。我们用双眼盯着立体镜中的图像，镜中的物体看起来就像是立体的了！

1929年，爱德华·林克发明了飞行模拟器，被称为林克机，是虚拟现实的早期尝试之一。

使用模拟器，飞行员不用每次都真正开飞机上天，只要坐在机器里练习飞行就可以，所以试验飞行的飞行员没有那么危险。

林克机原来一直没有受到专业飞行界的关注，但是经过一连串的飞行事故之后，美国陆军航空队于1934年买了6套林克机。第二次世界大战期间，同盟国飞行员使用这个发明进行模拟飞行，虚拟飞行大大造福了人类！

林克机

林克机也叫林克训练机（或林克练习器），它的下部是可动的基座，上部像个小飞机。基座有个皮革风箱，利用气泵进行驱动，可为“飞机” 提供俯仰、滚转与偏航等飞行动作。

1935年，美国科幻作家斯坦利·温鲍姆写出了著名小说《皮格马利翁的眼镜》。小说里的一位精灵族教授发明了一副神奇的眼镜，人戴上这副眼镜后，就能进入到电影当中，能看到“没有的”颜色、吃到“不存在”的食物。

小红帽，别害怕，我来帮你把大灰狼赶走！

扫描二维码，学习更多知识。

sensorama

3D MOVIES
看见什么了？
感觉怎么样？

1962年，美国电影摄影师莫尔顿·海利发明了一个可以带来各种感觉的怪机器。

这个大家伙有一人多高，想要体验的人得坐在座位上，把头伸进一个幕布中。这个怪机器包含3D显示器、风扇、气味发生器以及振动椅，不仅能让体验的人看到、听到，还能感觉到、闻到各种事物呢。

1968年，美国麻省理工学院的博士伊凡·苏泽兰发明了一个特殊“头盔”，因为它与计算机相连，显示了计算机生成的图形，因此被认为是世界上第一个真正的虚拟现实机器。

有了各种奇奇怪怪的虚拟现实设备之后，人们开始把它们用在生活中、工作中，虚拟现实科技给人类带来了各种变化。

虽然这个“头盔”挺重的，但是比莫尔顿的那个怪机器还是轻多了！
当然啦，更重要的是把“头盔”和计算机连接起来，随时能看到计算机处理过的图片呀。

说到虚拟现实，图片里的这位叔叔可是这个领域响当当的人物，他的名字叫杰伦·拉尼尔。他在 27 岁，也就是 1987 年的时候，首先提出了“虚拟现实”的概念，后来人们称他为“虚拟现实之父”。这位叔叔可是一个集计算机科学家、哲学家和艺术家三种身份于一身的天才呢。

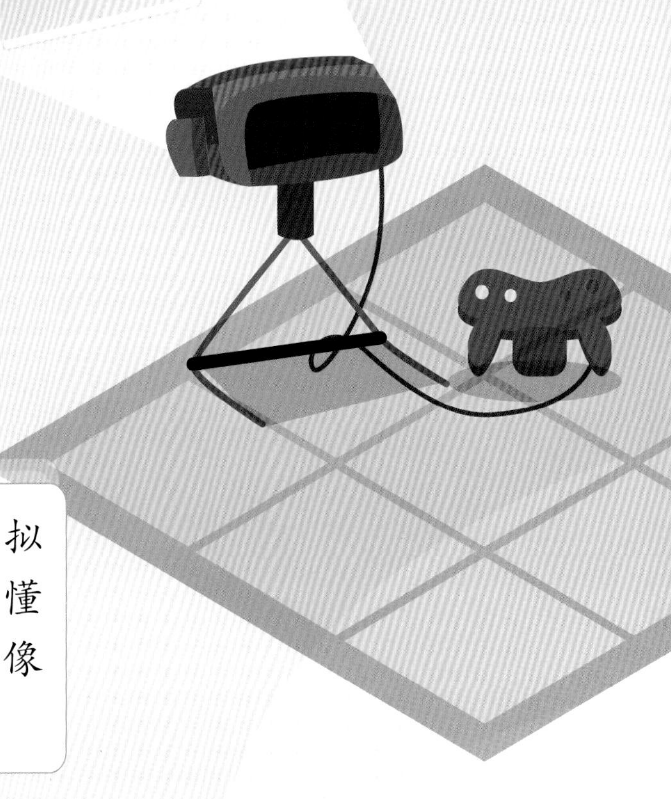

我们说了半天虚拟现实，我好像是懂了一点儿，又好像没有完全搞懂。

这个问题，确实有点复杂，简单地说，虚拟现实就是用计算机模拟产生一个立体空间，但是记得它是虚拟的哟。你能看到、听到、感觉到这个空间里的一切，就好像在真实的世界中一样。

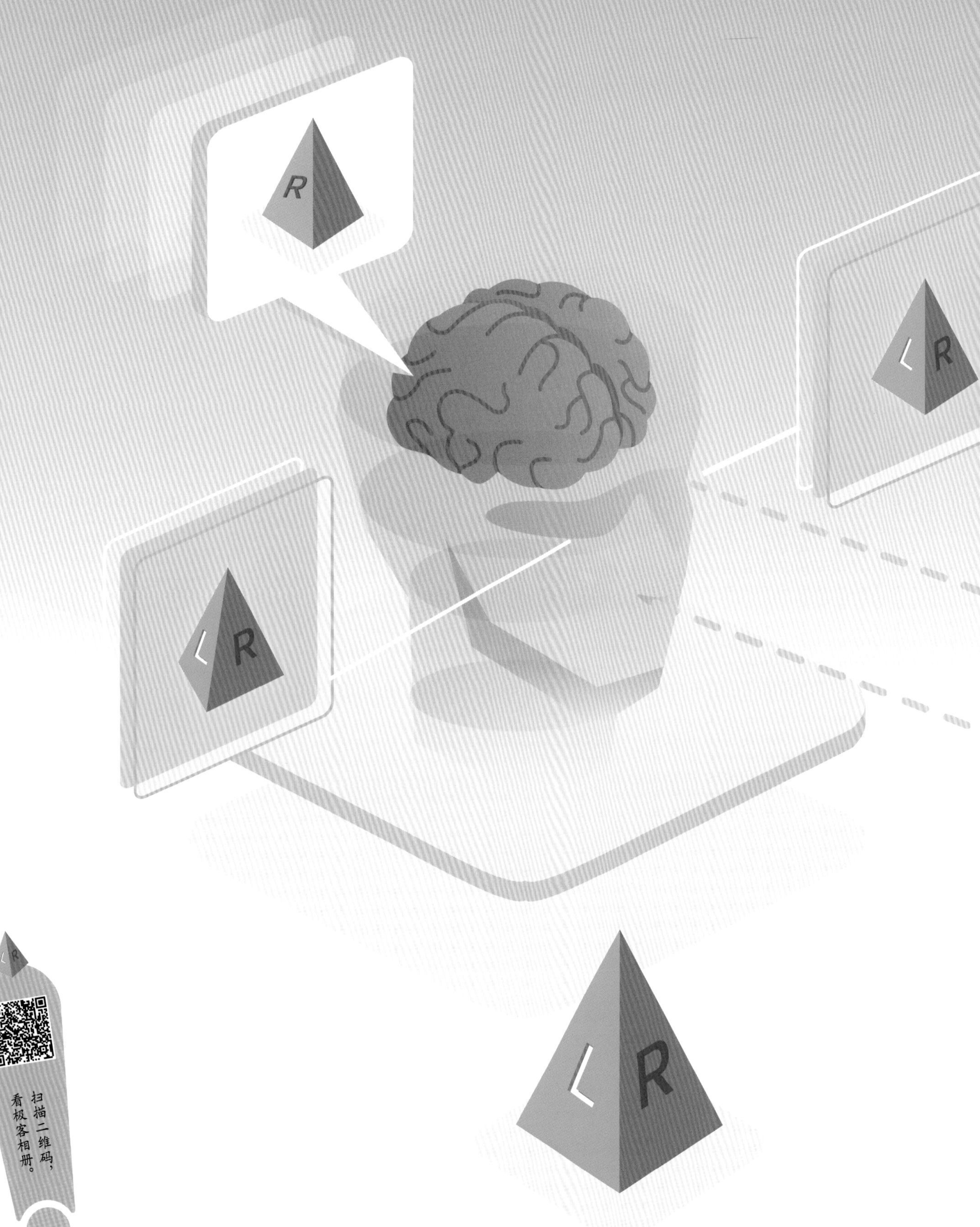

扫描二维码，看极客相册。

虚拟现实是怎样形成的

小朋友，请你现在找到一个想要观察的物体，然后先用手捂上你的左眼看看，再用手捂上你的右眼看一看，两只眼睛看到物体的位置是不是不一样？看到的面、色块大小是不是也不一样？这些神奇的“不同”就是欧几里德说的“双眼视差”。

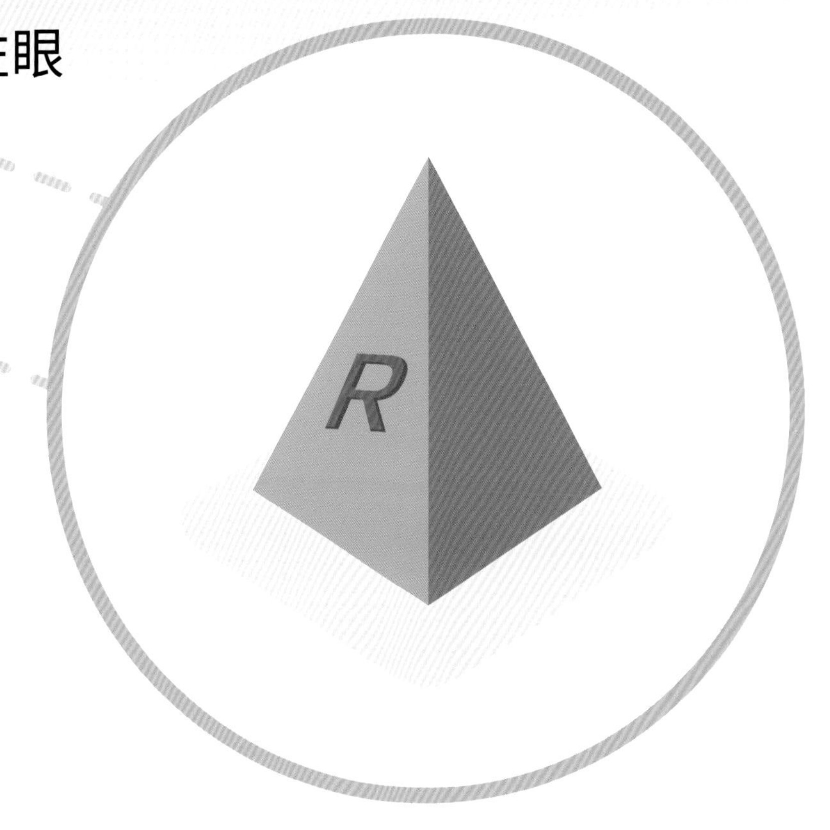

虚拟现实的原理其实很简单。

我们的双眼就像两台摄像机，由于位置不同，形成了刚才讲过的双眼视差，人类大脑能用特殊的本领把两台摄像机的图像进行加工合成，让我们看到一个非常立体的世界。

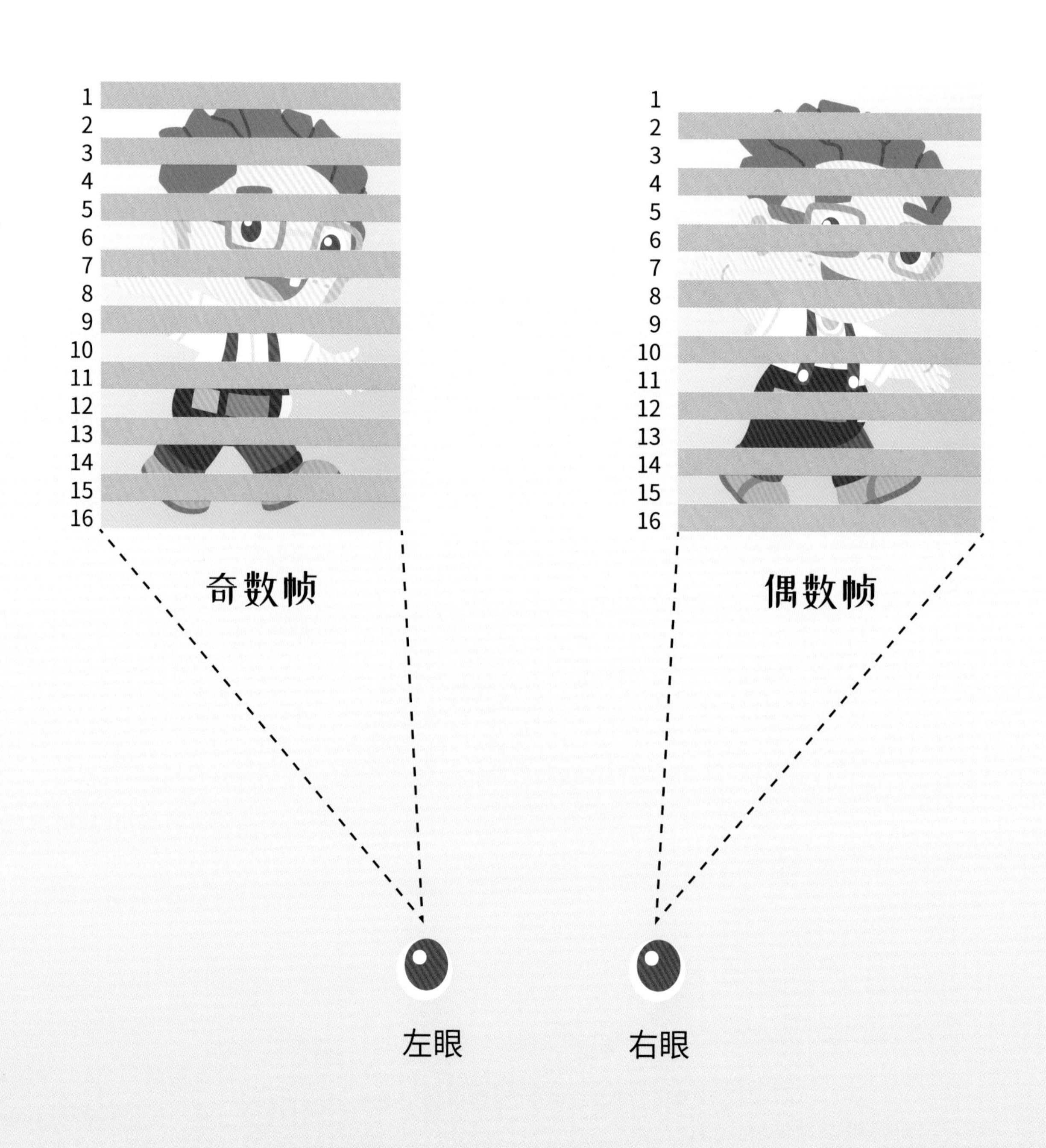

在进行虚拟现实体验时，我们首先准备好一套想让体验者看到的图片，这是一套从 1 到 16 的连续图片，给一只眼睛看 1、3、5、7……号图片（奇数帧），给另一只眼睛看 2、4、6、8……号图片（偶数帧），然后把双眼看到的图像添加在一起，就形成了类似人眼看到的“真实景象”了。

显示帧

一个基本的虚拟现实系统至少要由计算机、头盔显示器、数据手套、话筒、耳机等组成。首先人们在电脑里设计一个“虚拟世界”，接着头盔式显示器根据虚拟现实体验者的双眼视差形成一个立体显示，随后电脑根据人脑的转动、手部的运动等变化，不断调整“虚拟世界”的样子，最终一个体验者和电脑不断对话、交互的“虚拟现实系统”就产生啦！

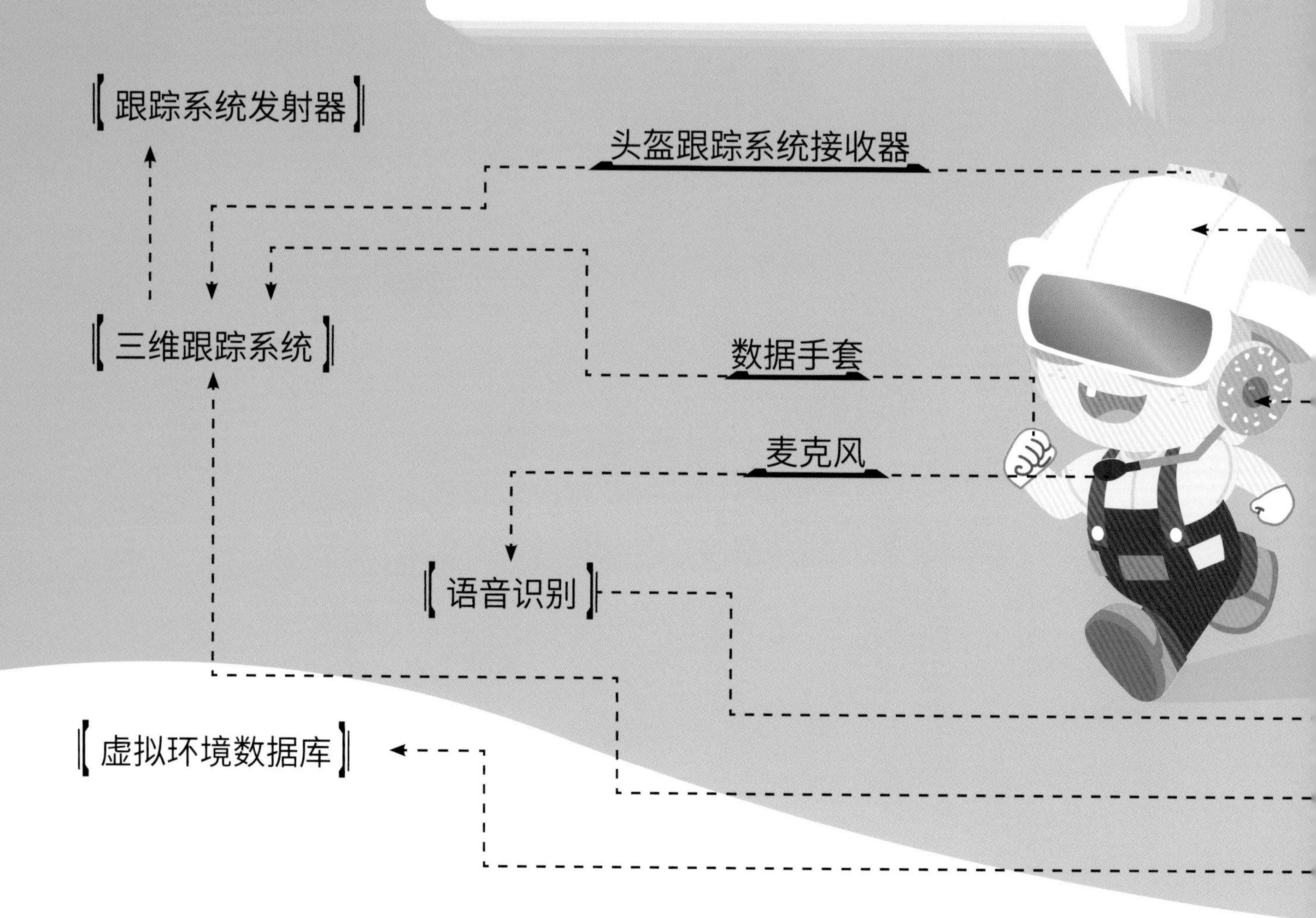

比如我戴着VR头盔，看到虚拟的森林景象，当我奔跑起来，眼前的森林景象也会随我身体的动作上下晃动，两眼余光看到的树木好像也都在往后跑。
跟踪系统发射器
头盔跟踪系统接收器
三维跟踪系统
数据手套
麦克风
语音识别
虚拟环境数据库

陀螺仪检测出你身体运动的方位，图像处理引擎对计算机筛选出的图像迅速进行修整和美化。最后，你在显示屏上看到的，就像在真实场景下应该看到的那个情景了。

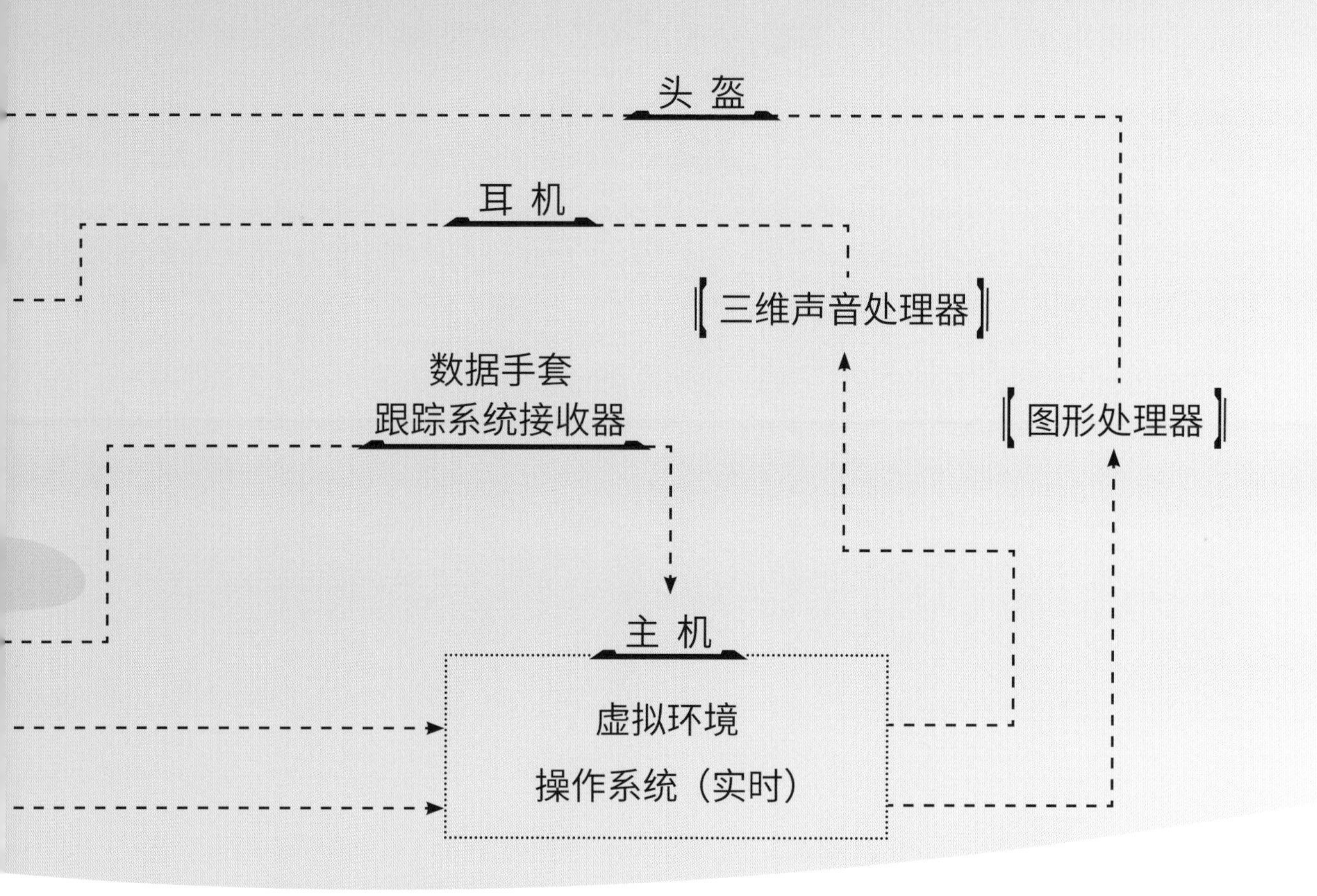

虚拟现实技术能做什么

进入 21 世纪，虚拟现实技术发展得更快了！

虚拟现实技术应用在很多很多领域，极大地改变着我们的生活。

可以说，人类已经离不开虚拟现实技术啦！

让我们看一看，虚拟现实技术究竟是怎样服务于人类的吧。

哇，真没想到，作家80年前在《皮格马利翁的眼镜》里的幻想，今天都变成真的啦！这些就是虚拟现实技术啊！
嗯，虚拟现实技术不仅能让你走进电影的世界，它还能做更多的事情呢！

训练"太空行走"

训练"行走太空"

虚拟现实技术可以模拟出实际的太空环境，为宇航员训练提供更加“真实”的体验。

没有武器的"武器实验"

利用虚拟现实技术，可以模拟新式武器的操作过程，军人可以不用拿着真枪进行实验，这样安全多了！

模拟城市灾害

通过虚拟现实技术，人们可以模拟台风、地震、水灾等自然灾害，让城市规划和设计更加科学！

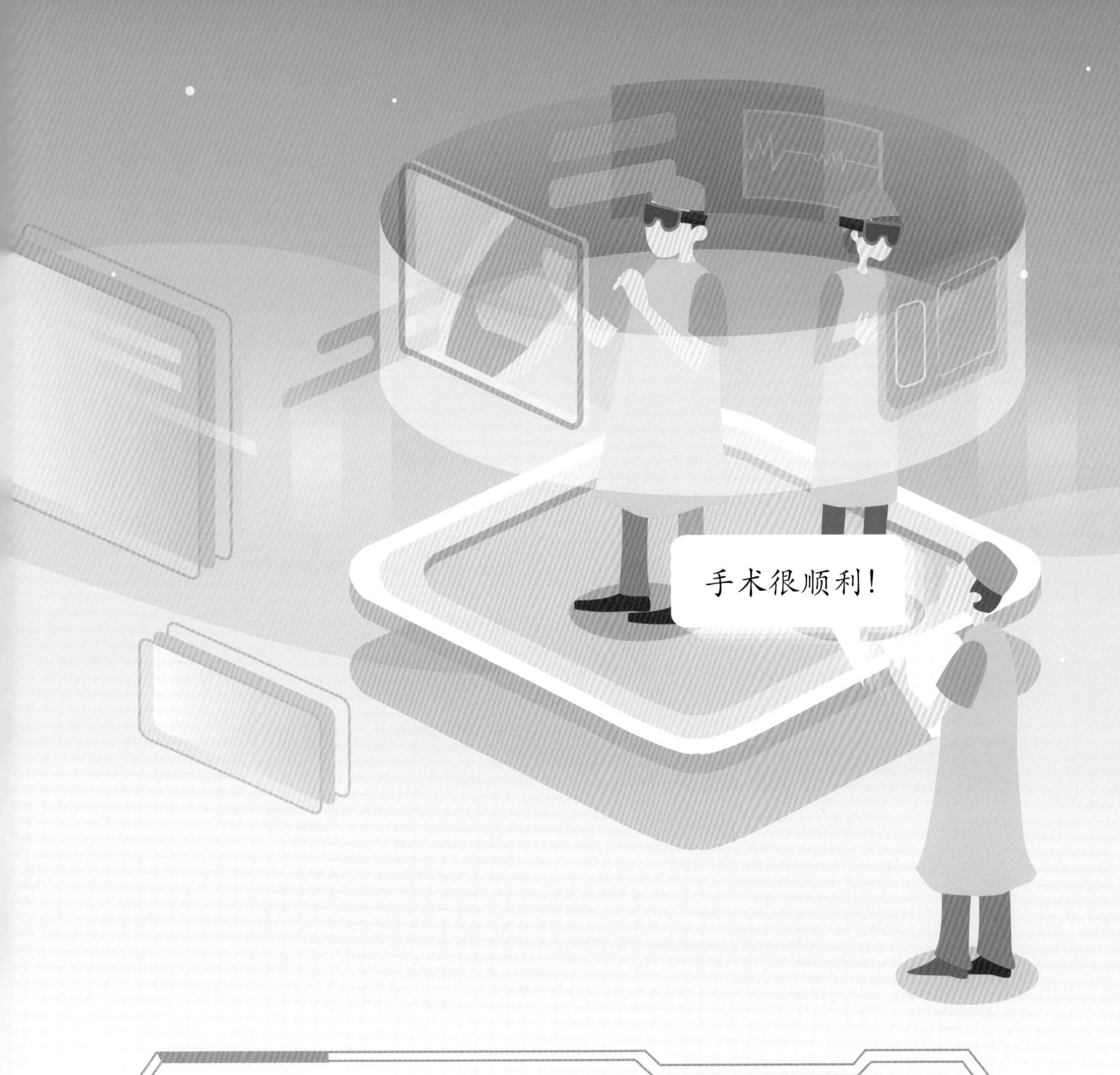

没有手术刀的虚拟手术

虚拟现实技术可以帮助医生完成虚拟外科手术训练，也可以带领学生进行没有“人体”的解剖教学。没有真的病人在承受痛苦，医生们却能够知道手术是否成功，这在以前简直不可想象！

在家逛遍世界博物馆

通过虚拟现实技术，人们可以足不出户把故宫，还有卢浮宫、大英博物馆等世界著名场馆游遍，一天走遍地球！

新式学习之旅

加入虚拟现实技术后的学习充满了乐趣，比如探索宇宙课，戴上 VR 眼镜，伸手就可以触摸到月亮和火星，学习变成了超级酷的一件事！

虚拟圣诞老人

2015 年圣诞节，人们在波兰打造了超级魔幻虚拟圣诞雪橇秀，参与体验的人们可以使用虚拟现实工具，感受自己像圣诞老人一样，驾驶雪橇车穿越波兰，拜访各个村庄。

虚拟现实技术的进一步发展

孙悟空在我家沙发上耍金箍棒呢，太神奇了！

扫描二维码，做极客小测试。

近年来，人类又开动大脑，发明了增强现实技术（Augmented Reality，简称AR）。如果说，我们前面介绍的VR技术能够让人置身于一个虚拟世界的话，那么，AR技术的目标就是在屏幕上使虚拟世界和现实世界互动起来，“现实世界”和“虚拟世界”成为朋友啦！

AR技术的最酷发明就是AR眼镜。戴上AR眼镜，你看到的情景一部分是真实的世界，另一部分是虚拟的世界，但是它们都自然地展现在你面前，你很难区分哪些是真实的世界，哪些是虚拟的世界。

哇，我看到啦！

从作家的幻想故事，到 VR 技术让人们感知虚拟世界，再到 AR 技术让人们在真实世界里感受虚幻与现实的互动……虚拟的生活似乎越来越“真实”，离我们越来越近了。

当我们生活在一个既真实又充满了虚拟现实的世界时，小朋友，你是否能自信地回答：眼见真的为实吗？

小朋友们，请开动大脑想一想，如果你是科学家，你希望运用虚拟现实技术做些什么事情呢？你可以把它画出来，也可以说给爸爸妈妈听，请他们帮你记录下来。

我想用虚拟现实技术做 ______________。

极客互动游戏

多方位小动物

考眼力的时间到啦！小朋友，现在我们开始做一个考验观察力的游戏。下面的图画中有20个小动物，每个小动物都有正面和反面，每个小动物的正面、反面都有自己的编号。手机会给你发送一个小动物的正面或者

反面的图片，动动脑筋，找到它的另一面吧！

输入数字后，系统会提示正确的动物编号。

扫下方二维码才能开始游戏哦！

10

扫描二维码，玩极客游戏。

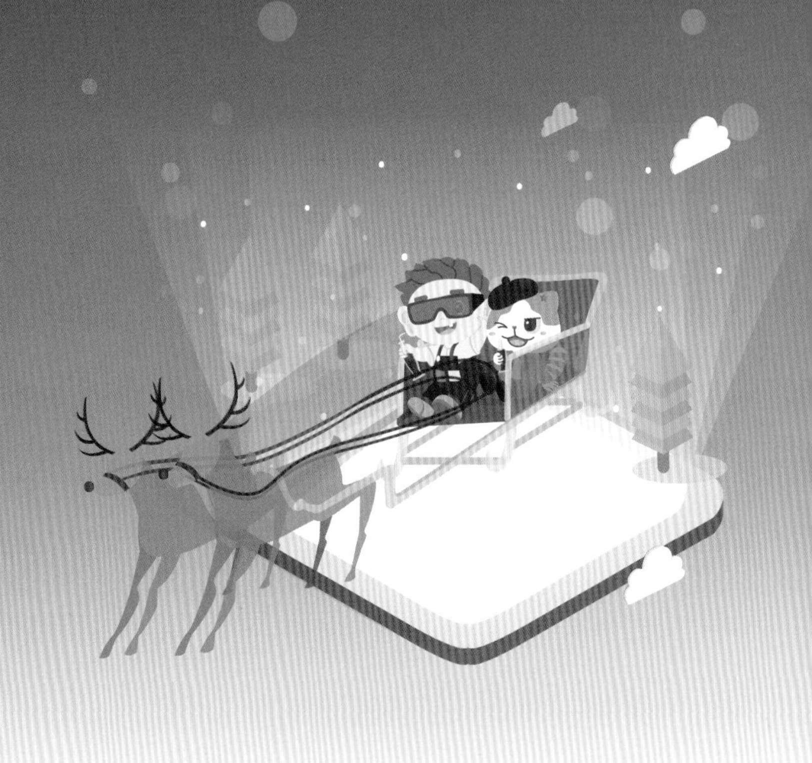

图书在版编目（CIP）数据

眼见真的为实吗？/ 李蕾编著 . -- 北京：海豚出版社：新世界出版社，2019.9
ISBN 978-7-5110-3891-3

Ⅰ . ①眼… Ⅱ . ①李… Ⅲ . ①虚拟现实－少儿读物
Ⅳ . ① TP391.98-49

中国版本图书馆 CIP 数据核字 (2018) 第 281226 号

眼见真的为实吗？
YAN JIAN ZHEN DE WEI SHI MA
李　蕾　编著

出 版 人　王　磊
总 策 划　张　煜
责任编辑　梅秋慧　张　镛　郭雨欣
装帧设计　荆　娟
责任印制　于浩杰　王宝根
出　　版　海豚出版社　新世界出版社
地　　址　北京市西城区百万庄大街 24 号
邮　　编　100037
电　　话　(010)68995968（发行）　(010)68996147（总编室）
印　　刷　小森印刷（北京）有限公司
经　　销　新华书店及网络书店
开　　本　889mm×1194mm　1/16
印　　张　3
字　　数　37.5 千字
版　　次　2019 年 9 月第 1 版　2019 年 9 月第 1 次印刷
标准书号　ISBN 978-7-5110-3891-3
定　　价　29.80 元

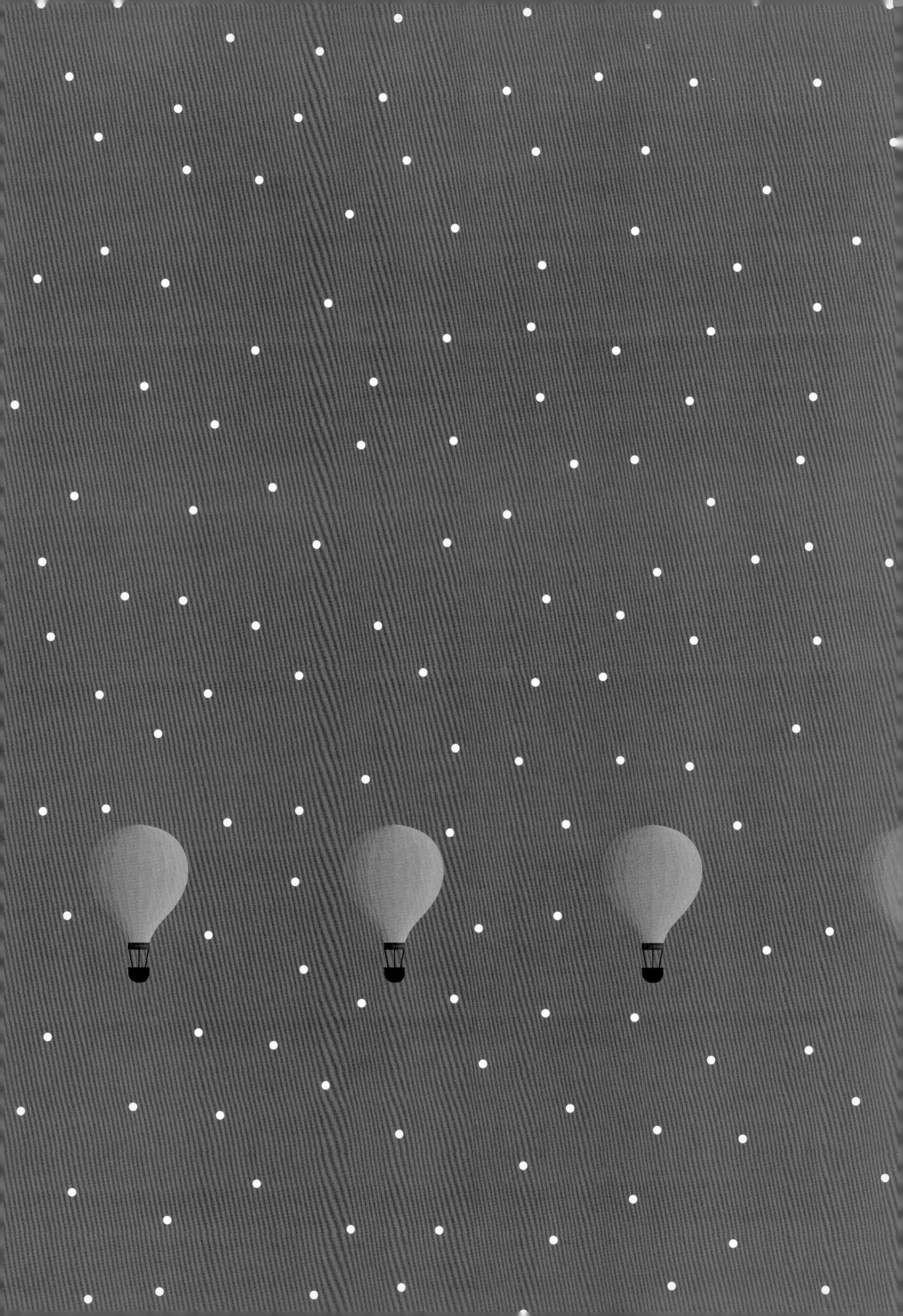